T/CAGHP 062—2019

目 次

前言	Ⅲ
引言	Ⅳ
1 范围	1
2 规范性引用文件	1
3 术语和定义	2
4 基本规定	3
5 施工准备	3
5.1 施工人员与技术准备	3
5.2 现场准备	4
5.3 测量与放样	4
6 圬工拦石墙施工	5
6.1 一般规定	5
6.2 石砌体拦石墙施工	5
6.3 混凝土拦石墙施工	6
6.4 质量检验	7
7 桩板式拦石墙施工	8
7.1 一般规定	8
7.2 桩柱工程施工	8
7.3 桩间板（墙）施工	10
7.4 质量检验	11
8 加筋土拦石墙施工	13
8.1 一般规定	13
8.2 基础工程施工	14
8.3 墙面板安装	15
8.4 填料、摊铺及压实	15
8.5 质量检验	16
9 格宾石笼拦石墙施工	17
9.1 一般规定	17
9.2 格宾石笼施工	18
9.3 质量检验	19
10 附属防治工程施工	19
10.1 缓冲层施工	19
10.2 落石槽施工	21
10.3 排水工程施工	21

11 施工安全与环境保护 ·· 23
　11.1 安全措施 ·· 23
　11.2 环境保护措施 ·· 24
12 拦石墙工程监测 ·· 24
　12.1 一般规定 ·· 24
　12.2 监测类型及内容 ··· 25
　12.3 监测资料整理 ·· 25
　12.4 临灾预警与处置 ··· 25
13 施工组织 ·· 25
　13.1 一般规定 ·· 25
　13.2 准备工作与编制施工组织设计依据 ··· 26
　13.3 编制内容和方法 ··· 26
14 质量检验和工程验收 ·· 27
　14.1 一般规定 ·· 27
　14.2 砌石工程 ·· 27
　14.3 混凝土工程 ··· 28
　14.4 格宾石笼 ·· 28
　14.5 工程验收 ·· 28
　14.6 竣工验收、工程移交 ··· 29
附录 A（资料性附录） 工程质量保证资料检查评定表 ··· 31
附录 B（资料性附录） 分项工程质量检验通用表 ··· 32

前言

本规程按照GB/T 1.1—2009《标准化工作导则 第1部分:标准的结构和编写》给出的规则起草。

本规程附录A、B均为规范性附录。

本规程由中国地质灾害防治工程行业协会提出并归口。

本规程起草单位:成都兴蜀勘察基础工程公司、四川省地质工程勘察院、甘肃省地质环境监测院。

本规程主要起草人:钟义敏、乐建、杨庆、杨俊仓、钱江澎、明宏、吕建祥、张川、钱霄、袁磊、刘德玉、陈林、陈新、崔学良、李光耀、段永伟。

本规程由中国地质灾害防治工程行业协会负责解释。

引 言

为规范地质灾害拦石墙工程中拦石墙及其附属工程的施工、质量控制和检验验收,制定本规程。本规程在编制过程中,充分借鉴了国内外有关拦石墙和落石槽相关施工技术及勘查、设计技术标准,吸取了汶川、芦山地震后拦石墙、落石槽治理工程经验,经过了广泛调研和研讨,并征求行业相关专家意见后形成。

本规程共分为14章,包括范围、规范性引用文件、术语和定义、基本规定、施工准备、圬工拦石墙施工、桩板式拦石墙施工、加筋土拦石墙施工、格宾石笼拦石墙施工、附属防治工程施工、施工安全与环境保护、拦石墙工程监测、施工组织、质量检验和工程验收等内容。

地质灾害拦石墙工程施工技术规程(试行)

1 范围

本规程规定了地质灾害拦石墙工程中的术语和定义、基本规定、施工准备、各类拦石墙及其附属防治工程的施工、施工安全与环境保护、工程监测、施工组织、质量检验与工程验收等要求。

本规程适用于地质灾害拦石墙工程及其附属防治工程的施工、质量检验与验收。

2 规范性引用文件

下列文件对于本规程的应用是必不可少的。凡是注日期的引用文件,仅所注日期的版本适用于本规程。凡是不注日期的引用文件,其最新版本(包括所有的修改单)适用于本规程。

GB 13788 冷轧带肋钢筋
GB/T 14684 建筑用砂
GB/T 14685 建筑用卵石、碎石
GB 175 通用硅酸盐水泥
GB/T 32864 滑坡防治工程勘查规范
GB 50119 混凝土外加剂应用技术规范
GB 50026 工程测量规范
GB 50202 建筑地基基础工程施工质量验收规范
GB 50203 砌体结构工程施工质量验收规范
GB 50204 混凝土结构工程施工质量验收规范
GB 50290 土工合成材料应用技术规范
GB 50300 建筑工程施工质量验收统一标准
GB 50330 建筑边坡工程技术规范
GB 50434 开发建设项目水土流失防治标准
GB 50496 大体积混凝土施工规范
GB 50666 混凝土结构工程施工规范
GB 50924 砌体结构工程施工规范
GB 6722 爆破安全规程
GB/T 700 碳素结构图
GB/T 1040.1 塑料拉伸性能的测定
DZ/T 0221 崩塌·滑坡·泥石流监测规范
DZ/T 0222 地质灾害防治工程监理规范
JGJ 33 建筑机械使用安全技术规程
JGJ 46 施工现场临时用电安全技术规范
JGJ 94 建筑桩基技术规范

JGJ 130　建筑施工扣件钢管脚手架安全技术规范
JGJ/T 180　建筑施工土石方工程安全技术规范
JTJ035　公路加筋土工程施工技术规范
SL399　水利水电工程土建施工安全技术规程
T/CAGHP 032—2018　崩塌防治工程设计规范(试行)
T/CAGHP 041—2018　崩塌防治工程施工技术规范(试行)
T/CAGHP 060—2019　地质灾害拦石墙工程设计规范(试行)

3 术语和定义

下列术语和定义适用于本规程。

3.1
拦石墙 rockfall retaining wall
用于拦截崩塌落石和坡面滚石的被动防护结构,主要包括圬工拦石墙、桩板式拦石墙、加筋土拦石墙和格宾石笼拦石墙等。

3.2
圬工拦石墙 masonry retaining wall
以混凝土、石材等材料砌筑或浇筑而成的拦石墙。

3.3
桩板式拦石墙 sheet pile retaining wall
由桩、桩间板或桩间墙构成的拦石墙。

3.4
加筋土拦石墙 reinforced soil retaining wall
由土和筋带分层铺筑,经碾压、夯实构成的被动拦挡结构。

3.5
格宾石笼拦石墙 the stone cage gabion retaining wall
由网箱和充填其中的石料共同组成的拦石墙。

3.6
落石槽 stone falling channel
常设在缓坡带或与拦石墙结合布置,用于吸收和消散落石能量,拦停落石的沟槽状构筑物。

3.7
缓冲层 cushion breaker
设置于拦石墙后用于减缓落石对刚性墙体冲击力的柔性结构层,常采用土、废弃轮胎等柔性材料。

3.8
动态设计法 dynamic design method
根据施工过程揭露的地质情况和监测信息及时进行优化设计的方法。

3.9
信息化施工 informatization construction
利用施工过程中所获取的地质露头和监测信息等,及时调整和优化下一步施工方案的施工方法。

4 基本规定

4.1 地质灾害拦石墙工程施工应确保施工质量,做到技术先进、安全可靠、经济合理。应注重保护环境,与当地经济发展、自然环境和土地资源相协调,与市政设施、铁路、公路和水利等工程保持协调统一。

4.2 地质灾害拦石墙工程施工前,应具备详细的勘查和施工图设计资料;应组织勘查、设计、施工、监理等相关单位进行技术交底或图纸会审,形成交底或图纸会审记录。

4.3 施工单位应编制施工组织设计,应针对施工质量控制的重点和难点,制定详细的施工质量保证措施,确保施工质量满足设计和验收要求,宜采用和推广新技术、新工艺、新材料和新设备。

4.4 地质条件与施工技术复杂、存在重大安全风险的拦石墙工程施工组织设计应进行专家评审论证。

4.5 施工过程中应加强安全管理,制定详细的安全保证和监测措施,包括安全技术措施和防范施工影响坡体稳定性的措施,不得因施工降低坡体的稳定性。当施工因故停工时,应在坡面做好临时防护。

4.6 拦石墙工程开挖与支护遵循逐级开挖、逐级支护的原则;坡面上下严禁同时施工,应自上而下、分区段依次进行施工。

4.7 拦石墙工程应避开雨季施工,寒冷气候区不宜安排在融雪期施工。冬期施工应按《混凝土结构工程施工规范》(GB 50666)、《砌体结构工程施工规范》(GB 50924)等的要求,采取保温、防冻,以及道路、工作面的防滑措施。

4.8 基槽开挖时应同步开展施工地质编录,记录及追踪施工过程中的地质条件变化情况。对拦石墙工程有重大影响的地质现象应进行专项描述、记录及拍照,并按照信息化施工要求,将施工地质情况及时反馈给设计单位,由设计单位按动态设计法进行设计变更。开挖至设计标高后,应及时组织相关单位验槽,复核基底标高、基槽尺寸、地基情况以及地基承载力等是否满足设计要求。

4.9 施工所采用的原材料、半成品、构配件、器具和设备应进行进场检验,其检验项目、内容、程序、抽样数量等应满足设计要求及国家现行有关标准的规定。进场各类材料应有出厂合格证,并见证取样检验合格后方能使用。

4.10 隐蔽工程在施工过程中应做好各种施工和检验记录,隐蔽前应由施工单位通知监理等单位进行验收,形成验收文件,验收合格后方可继续施工。

4.11 地质灾害拦石墙工程及其附属防治工程的施工与验收除应符合本规程外,尚应符合国家现行有关技术标准的规定。

5 施工准备

5.1 施工人员与技术准备

5.1.1 施工单位应组建项目管理机构,确定项目经理和技术负责人,配备专业的管理人员和技术人员。

5.1.2 施工单位须组织项目相关人员进行现场踏勘,复核地质灾害的特征和变形情况,熟悉施工现场条件,确定拦石墙工程布置位置。

5.1.3 施工前施工单位应熟悉工程图纸,明确设计意图、施工技术要求及施工注意事项,做好交接控制桩(点)工作,并形成交接记录。

5.1.4 编制的施工组织设计须经施工单位技术负责人审核、监理单位总监理工程师批准。

5.1.5 施工单位应向参与施工的人员进行施工技术交底,交待工程特点、技术质量要求、施工工艺方法与施工安全等,形成施工技术交底记录。

5.1.6 需要进行现场试验的工程,比如地基承载力试验、危岩体滚落撞击力试验等,应在监理旁站监督下试验,及时向设计单位反馈试验数据。

5.1.7 施工准备就绪后,形成开工报告,报请相关部门和总监理工程师批准后方可开工。

5.2 现场准备

5.2.1 机械、设备及材料准备

5.2.1.1 制订施工机械设备配置计划和材料计划。施工机械、施工工具,以及设备和材料的型号、规格、技术性能等应根据工程施工进度和强度合理安排与调配,并应及时安排检修。

5.2.1.2 施工材料应根据工程施工进度及时组织进场和检验。

5.2.2 临时房屋

5.2.2.1 为保证施工的顺利进行,施工前应做好场地内现场办公用房(包括业主、监理、设计代表用房)、生产用房、生活用房等临时房屋的规划和施工。

5.2.2.2 办公及生活用房宜就近租用当地居民用房或者选用可重复拆装的活动房屋。临时房屋面积应根据项目规模及用工数量进行合理布局。

5.2.2.3 临时房屋若设置在施工现场,应对设置场地进行安全评价。

5.2.2.4 临时房屋应考虑生活用水、用电的便利,合理规划生活区。

5.2.3 临时用电与用水系统

5.2.3.1 施工用电应进行设备总需容量的计算,变压器容量应满足施工用电负荷要求,施工用电的布置应执行《施工现场临时用电安全技术规范》(JGJ 46)的要求。

5.2.3.2 施工供水量、水质应满足不同时期日高峰生产用水和生活用水的需要。

5.2.4 临时施工交通运输

5.2.4.1 施工交通运输可划分为场外交通和场内交通两部分。施工组织设计中应结合施工总平面布置及施工总进度要求,经比较选择场外交通运输方案,进行场内交通规划。

5.2.4.2 场内临时交通便道应能满足材料运输和机械设备进出场要求。

5.2.4.3 施工交通运输系统应设置安全、交通管理、维修、保养、修配等专门设施。

5.2.4.4 场外交通运输应进行技术经济比较,选定技术可靠、经济合理、运行方便、干扰较少、施工周期短、便于与场内交通衔接的方案。

5.3 测量与放样

5.3.1 建设单位应向施工单位移交测量控制点。测量控制点一般不少于3个,施工及监理单位应复核控制点,满足要求后可作为施工放线的控制点。

5.3.2 测量人员应熟悉施工图纸,编制测量放线图,制定测量放线方案。测量放线仪器应定期检查,精度满足要求。

5.3.3 测量控制点的永久标识、标架埋设必须牢固,施工中须严加保护,并及时检查维护,定时核查、校正。

5.3.4 拦石墙工程断面放样、立模、填筑轮廓,宜根据不同工程类型相隔一定距离设立样架,其测点相对设计的限值误差,平面为±50 mm,高程为±30 mm,轴线点为±30 mm。高程负值不得连续出现,不得超过总测点的30%。

5.3.5 拦石墙工程放样时,应根据设计要求预留基础的沉降量。

5.3.6 拦石墙工程竣工后及时按要求进行竣工验收测量,编制工程竣工图及相关资料。

6 圬工拦石墙施工

6.1 一般规定

6.1.1 多级拦石墙施工时,宜由坡顶向坡脚逐级施工,严禁同时施工。

6.1.2 圬工拦石墙施工工序依次为:施工放线、场地整平、基槽(坑)开挖、验槽、基础放样、基础施工、拦石墙砌筑、缓冲层(落石槽)、检查验收、土方回填。

6.1.3 基槽开挖前要做好地面截排水,应保持基槽干燥,不得遭受水浸。岩石基坑应使拦石墙基础紧靠基坑侧壁,使它与岩层结为整体。

6.1.4 基槽(坑)、边坡的开挖过程中,应对开挖基槽(坑)、边坡进行变形监测,变形过大时需对基槽(坑)进行支护处理;基槽(坑)、边坡开挖后,应及时完成施工。

6.1.5 松散坡积层地段修建圬工拦石墙,不应通槽开挖,应采用分段开挖或跳槽开挖。

6.1.6 圬工拦石墙基础埋置深度、襟边应符合设计要求。

6.1.7 圬工拦石墙基槽开挖至设计标高以上30 cm后,应采用人工清底。

6.2 石砌体拦石墙施工

6.2.1 砌石材料可因地制宜选用片石、块石、条石、料石等,宜采用抗风化能力强的未风化岩石,不能使用易于风化或未经凿面的大卵石,禁用小石、片状石,最小厚度不宜小于150 mm。

6.2.2 砌石及砂浆强度应满足设计要求,且砌石强度不得低于MU30,砌筑用砂浆强度不得低于M10。

6.2.3 石砌体拦石墙砌筑应两面立杆挂线或样板挂线。外面线应顺直整齐,逐层收坡;内面线也应顺直。应保证砌体各部尺寸符合设计要求,砌筑中应经常校正线杆,避免偏差。

6.2.4 砂浆稠度不宜过大,应采用机械拌合,不同种类砌筑砂浆不能混用。

6.2.5 砌石表面应冲洗干净。砌筑时砌石表面应保持湿润,不得残留积水;雨天砌筑时不得使用过湿砌石。

6.2.6 石砌体拦石墙砌筑应采用坐浆法施工,铺浆厚度30 mm~50 mm,随铺浆随砌筑,灰缝厚度20 mm~30 mm,坐浆和竖缝砂浆应饱满密实,不得有孔眼。

6.2.7 较大的砌缝应先填塞砂浆后用碎石块嵌实,不得先摆碎石块后填砂浆或干填碎石块,石块间不得无浆或相互直接贴靠,砌缝内砂浆应采用扁铁插撬密实。

6.2.8 石砌体拦石墙砌筑时,要分层错缝砌筑,基底及墙趾台阶转折处,不得做成垂直通缝,砂浆水灰比应符合要求,填塞饱满。

6.2.9 砂浆铺好后,应在砂浆初凝时进行砌筑;砌筑作业中断时,应将砌好的石层孔隙用砂浆填满,所有工作缝应留斜槎。

6.2.10 砌体表面浆缝应留出 10 mm~20 mm 深的缝槽,用于砂浆勾缝。勾缝砂浆的强度等级应比砌体砂浆强度等级提高一级。砌体隐蔽面的砌缝,可随砌随刮平,不另勾缝。

6.2.11 石砌体勾缝应满足下列规定:
    a) 勾平缝时,应将灰缝嵌塞密实,缝面应与石面相平,并应把缝面压平溜光;
    b) 勾凸缝时,应先用砂浆将灰缝补平,待初凝后再抹第二层砂浆,压实后应将其捋成宽度为 40 mm 的凸缝;
    c) 勾凹缝时,应将灰缝嵌塞密实,缝面宜比石面深 10 mm,并把缝面压平溜光。

6.2.12 对拦石墙外露面宜进行砂浆抹面,抹面厚度 10 mm,抹面后墙面应整体平顺,平整度不得大于 5 mm。对拦石墙顶面宜采用砂浆抹顺,不得出现高低起伏。

6.2.13 墙身砌出地面后并达到设计强度的 75% 时,基坑应及时回填并分层夯实,分层厚度不大于 30 cm,土方回填密实度不小于 85%,并做成不小于 5% 的向外流水坡,以免积水下渗而影响墙身稳定。

6.2.14 石砌体拦石墙施工尚应满足《砌体结构工程施工规范》(GB 50924)的要求。

6.3 混凝土拦石墙施工

6.3.1 混凝土拦石墙可掺入一定量的片石,掺入一定量片石的混凝土拦石墙称为片石混凝土拦石墙。

6.3.2 片石混凝土拦石墙中石料应采用不易风化的片石,不能使用易于风化的片石或未经凿面的卵石,粒径宜为 100 mm~200 mm,掺入片石含量不应超过混凝土墙体体积的 20%,石料强度不低于 MU30,混凝土强度不得低于 C20。

6.3.3 混凝土拦石墙模板安装应满足以下要求:
    a) 模板应构造简单,拆装方便,便于钢筋绑扎和混凝土浇筑;接触混凝土的模板表面应平整,并具有良好的耐磨性和硬度。
    b) 安装模板应进行测量放线,采取保证模板位置准确、抗侧移、抗浮和抗倾覆的措施。
    c) 模板应具有足够的强度、刚度和稳定性,能承受灌注混凝土的冲击力、侧压力,模板和支架系统在安装、使用或拆除过程中,应采取防倾覆的临时固定措施。
    d) 模板安装后应复核尺寸、形状和位置,标高和轴线误差均不得大于 5 mm,分节模板拼装后的表面高低差不得超过 2 mm。模板接缝应严密,不得漏浆、错台。
    e) 模板安装后应检查预留洞口及预埋件位置,符合设计要求后,方可进行下一步工序。
    f) 混凝土浇筑前,应在安装好的模板内侧表面均匀涂刷脱模(离)剂。
    g) 安装好的模板应坚固、牢靠,在混凝土浇筑过程中不能松弛、变形。

6.3.4 墙体混凝土施工应满足以下要求:
    a) 墙体混凝土施工应编制施工组织设计或专项施工技术方案。
    b) 墙体混凝土宜采用商品混凝土;条件不允许时可现场设置搅拌站,现场拌合应控制混凝土的配合比及坍落度。
    c) 墙体混凝土配合比的设计,应符合设计所规定的强度等级、耐久性、抗渗性、体积稳定性和现场大体积混凝土施工工艺特性等要求。
    d) 墙体混凝土的制备和运输,应符合设计混凝土强度等级的要求,并应根据施工现场情况调整预拌混凝土的有关参数。
    e) 墙体混凝土施工前,应做好各项施工前准备工作,掌握近期气象情况。冬期施工时,尚应符合《混凝土结构工程施工规范》(GB 50666)等中规定的冬期施工标准。

f) 墙体混凝土工程施工前,宜对施工阶段大体积混凝土浇筑体的温度、温度应力及收缩应力进行试算,确定施工阶段大体积混凝土浇筑体的升温峰值、里表温差及降温速率的控制指标,制定相应的温控技术措施。

g) 混凝土应分层连续浇筑和振捣,分层厚度不宜大于300 mm,后浇层必须在前浇层凝结之前浇筑完毕。混凝土宜采用二次振捣工艺,不得漏振、欠振、过振,混凝土浇筑面应及时进行二次抹压处理。

h) 混凝土浇筑体在入模温度基础上的温升值不宜大于50 ℃;混凝土浇筑体的里表温差(不含混凝土收缩的当量温度)不宜大于25 ℃;混凝土浇筑体的降温速率不宜大于2.0 ℃/d;混凝土浇筑体表面与大气温差不宜大于20 ℃。

i) 墙体混凝土宜进行保温、保湿养护,在每次混凝土浇筑完毕后,除应按普通混凝土进行常规养护外,尚应及时按温控技术措施的要求进行保温养护,保湿养护的持续时间不得少于14 d,应经常检查塑料薄膜或养护剂涂层的完整情况,保持混凝土表面湿润;保温覆盖层的拆除应分层逐步进行,当混凝土的表面温度与环境最大温差小于20 ℃时,可全部拆除。

j) 当平均气温低于5 ℃时,不得对混凝土洒水养护;当平均气温低于0 ℃时,应采取保温、加温措施。

6.3.5 墙体混凝土的强度等级必须满足设计要求,混凝土试块取样组数满足《混凝土结构工程施工质量验收规范》(GB 50204)的要求。

6.3.6 片石混凝土施工时应先放浆再放入毛石,保证片石被浆体充分包裹,并应满足以下要求:
a) 片石应清洗干净并完全饱水,应在浇筑时的混凝土中埋入一半左右。
b) 片石应分布均匀,净距应不小于150 mm,不得倾倒成堆。
c) 当气温低于0 ℃时,不得埋放片石。
d) 片石边缘距墙体侧面和顶面的净距应不小于150 mm,片石不得触及构造钢筋和预埋件。
e) 混凝土应采取分层浇筑的方式,每层混凝土的厚度不应超过300 mm,大致水平,分层振捣,边振捣边加片石。

6.3.7 混凝土拦石墙模板拆除应满足以下要求:
a) 拆模时混凝土强度应达到设计强度75%以上,并应确保混凝土表面及棱角不受拆模损伤。
b) 拆模顺序应遵循"先支的后拆、后支的先拆"的原则。
c) 在拆模过程中,如发现实际混凝土强度并未达到要求,有影响结构安全的质量问题时,应暂停拆除,待实际强度达到要求后,方可继续拆除。

6.3.8 墙体混凝土拆模后,地下结构应及时回填,不宜长期暴露在自然环境中。土方回填应分层夯实,分层厚度不大于30 cm,土方回填密实度不小于85%,并做成不小于5%的向外流水坡。

6.4 质量检验

6.4.1 圬工拦石墙所用石料、混凝土和砂浆强度、规格及配合比等应符合设计要求,试件的选取、制作、养护及送检应符合《砌体结构工程施工质量验收规范》(GB 50203)、《混凝土结构工程施工质量验收规范》(GB 50204)中的规定。

6.4.2 石砌体拦石墙要求砌体牢固、坐浆饱满,表面无明显缺陷,边缘直顺,勾缝平顺,缝宽均匀,无脱落现象。

6.4.3 混凝土拦石墙拆模后,表面应平整光滑,无蜂窝、麻面、孔洞、缺角等缺陷。所有混凝土试块28 d的强度标准均应合格。

6.4.4 圬工拦石墙允许偏差项目应符合本规程表1规定。

表1 圬工拦石墙质量检验标准

序号	检查项目		允许偏差/mm	检查方法
1	平面位置	石砌体拦石墙	±50	每20 m用经纬仪或全站仪检查3点
		混凝土拦石墙	±30	
2	顶面高程	石砌体拦石墙	±20	每20 m用水准仪检查1点
		混凝土拦石墙	±10	
3	底面高程		±50	每20 m用水准仪检查1点
4	坡度		±0.5%	每20 m用铅锤线检查3处
5	表面平整度（凹凸差）	石砌体拦石墙	±20	每20 m用2 m直尺检查3处
		混凝土拦石墙	±10	
6	横断面宽度	石砌体拦石墙	不小于设计值	每20 m测3点，且不少于3点
		混凝土拦石墙	+20	
7	总长度允许偏差		±50	用尺量，每20 m量3处，且不少于3处

7 桩板式拦石墙施工

7.1 一般规定

7.1.1 应按设计起始点进行桩和桩间板放线，以便达到设计所防护的范围。

7.1.2 拦石墙两端按设计结构闭合，嵌固按照设计图纸施工。

7.1.3 在桩孔开挖过程中，每开挖一段应及时进行地质编录。当发现地形、地质条件与设计有较大出入时，应及时将发现的异常向建设单位和设计单位报告，由设计单位按动态设计法进行设计变更。

7.1.4 桩间墙体基槽应按设计要求分段分层开挖，基槽宽度应满足施工操作空间的基本要求。在设计没有具体明确的情况下，墙体两侧基槽宽度不得小于300 mm。

7.1.5 桩与桩间挡板混凝土强度应符合设计要求，混凝土强度等级不得低于C25。桩间墙采用混凝土结构时，墙身混凝土或片石混凝土强度等级符合设计要求，混凝土强度等级不低于C25；采用砌石结构时，砌体强度等级应满足设计要求。

7.2 桩柱工程施工

7.2.1 桩施工

7.2.1.1 人工挖孔桩施工

a) 场地平整时清除坡面危石，铲除松软的土层并夯实。

b) 定出桩孔准确位置，设置护桩并经常检查校核。

c) 按设计要求跳桩开挖，护壁采用现浇混凝土逆作法施工。

d) 锁口高出自然地表不得小于20 cm，做好孔口四周排水系统，在孔口搭设雨棚，雨棚遮盖范围应大于锁口外边缘不小于50 cm，雨棚高度不得低于提升系统影响高度，同时不得低于2.0 m。

e) 安装提升设备,设备提升能力应不小于拟提升重量的3倍,提升系统工作应安全可靠。
f) 布置好出渣道路,出渣点离孔口最小距离不得小于3.0 m。
g) 合理堆放材料和机具,不得因其不合理堆放增加孔壁压力,在孔口1.0 m范围平均荷载不得大于10 kPa。
h) 每日开工前必须检测孔内是否有有毒有害气体,并应采用相应的安全防护措施;当桩孔开挖深度超过10 m时,须向孔内连续送风,风量不宜少于25 L/s。
i) 分节开挖,分节高度最大不宜大于100 cm,土层差、孔壁不稳定时,应控制分节高度小于50 cm为宜,做到随挖、随验、随灌注混凝土。
j) 石方开挖时,宜采用水磨钻、风镐等机械开挖;机械开挖确有困难时,可采用静态爆破挤裂岩石,再用风镐解小、破除进行开挖。
k) 护壁钢筋制作与安装,其搭接长度以及钢筋保护层厚度应满足设计要求,在同一断面(以分节高度的1/3长度为准)接头的面积百分率不得大于50%。
l) 护壁混凝土强度不得低于桩身混凝土强度,可掺加早强剂,以缩短脱模时间。
m) 护壁模板可用普通建筑钢模、定型模或木模,模板支撑牢固,支撑后的几何尺寸不得小于设计成桩截面尺寸。
n) 护壁模板的拆除应在灌注混凝土24 h之后。
o) 当孔内存在地下水时,宜按设计要求采取降排水措施,排水措施可采用提桶或水泵明排等方式。
p) 孔内照明电压不大于24 V,潮湿环境不得大于12 V,宜采用LED矿灯照明。

7.2.1.2 机械成孔桩施工

a) 圆形桩截面成孔方式可选择机械成孔方式成孔。
b) 应间隔成孔,一般宜间隔两桩(孔)施工。
c) 干作业成孔时,终孔后应重视孔底渣土清除;采用平衡液成孔时,在成孔钻进过程中,应控制平衡液的性能指标,在项目实施前编制成孔专项方案,明确平衡液的性能指标。
d) 钻进终孔后应加强换浆捞砂,沉渣厚度不得大于200 mm。
e) 其他事项应遵循《建筑桩基技术规范》(JGJ 94)中的要求。

7.2.1.3 钢筋笼可采用孔内绑扎安装或地面绑扎后吊装,钢筋笼的绑扎、安装应满足设计要求。地面绑扎的钢筋笼可采用起重机械吊装,吊装到位后在孔口固定。

7.2.1.4 桩心混凝土采用机械拌合,每盘拌合时间不得少于3 min;水下浇筑的混凝土坍落度应控制在160 mm～220 mm;干法浇筑的混凝土坍落度应控制在70 mm～100 mm;混凝土浇筑可采用串筒法或导管法,水下混凝土浇筑时应采用导管法。

7.2.1.5 采用串筒法浇筑混凝土时应设置串筒,串筒底端离孔底高度不宜大于2.0 m,串筒直径应根据混凝土级配、一次性浇筑量决定,一般不宜小于200 mm;应振动密实,分层振动厚度不得大于1.0 m。

7.2.1.6 采用导管法浇筑混凝土时应设置导管,导管要通过密封试验合格后才能使用。向孔内下入导管时,管底离孔底的距离与设计初灌量匹配,一般不宜大于0.5 m,导管直径应根据混凝土级配、一次性浇筑量决定,一般不宜小于200 mm。

7.2.2 柱施工

a) 当在桩的基础上向上增加立柱时,立柱高度在5 m以下的,钢筋可与桩心钢筋整体制作与安装;大于5.0 m时,钢筋的搭接应满足接头在同一截面不得大于50%的要求,且宜采用直螺纹连接。

b) 立柱施工时,应在其四周搭设外脚手架,脚手架的搭设高度应满足施工需要。
c) 模板宜采用建筑钢模板或定型模,模板支撑应牢固可靠,确保混凝土浇筑时不变形。
d) 施工缝的处理要满足新旧混凝土的黏结效果,可事先在桩顶预埋钢筋或植筋增加其连接强度。
e) 一次混凝土浇筑高度不宜大于3.0 m,最大高度不得大于5.0 m。
f) 加强柱混凝土的养护。

7.3 桩间板(墙)施工

7.3.1 桩间板施工

a) 根据设计实施桩间板施工。现浇板按现浇钢筋混凝土施工要求进行,桩后存在土体开挖时,板基槽土方开挖应保证开挖边坡的稳定,开挖槽宽应预留模板安装支撑的空间,柱(桩)后置板实施前,平整基座至稳定岩(土)体,浇筑10 cm厚C15混凝土垫层,再进行板的钢筋制安、模板安装支撑、混凝土浇筑;桩间板应锚入桩内或搭接长度不小于500 mm。
b) 预制型桩间板分平面板及槽型板,预制板宜在预制板厂定制,没有条件时,也可以在现场预制。
c) 现场预制时,在施工场地内平整预制场地,采用10 cm厚C15混凝土硬化地面或钢板制作底模,备两套建筑模板或槽形开合式模板,钢筋在模板内制作。
d) 在混凝土浇筑过程中预留吊装孔或吊装提引环。
e) 根据预制板自身重量,采用起吊设备进行吊装。
f) 吊装从底部起每升高1.0 m～1.5 m进行板后土方回填,在回填过程中,按设计要求填筑反滤层。

7.3.2 桩间墙施工

7.3.2.1 桩间墙墙体结构可分为混凝土、干砌石、浆砌石等结构。

7.3.2.2 混凝土结构墙体的实施按《混凝土结构工程施工规范》(GB 50666)执行,墙后填筑与板后填筑要求相同。

7.3.2.3 干砌石墙体施工:

a) 石料类别应符合设计要求,石质应均匀,不易风化,无裂纹;石料强度、试件规格应符合设计要求。
b) 根据设计图纸,按照墙所处桩(柱)位置关系、墙体施工中线、起始点、高程点定位墙体的平面位置和纵断高程,在基础或垫层表面弹出轴线及墙身线。
c) 基础砌筑时将匹数杆立于石砌体的交接处,在匹数杆之间挂线控制水平砌缝高度。基础垫层采用标号不低C10混凝土浇筑10 cm,待垫层混凝土强度达到设计标号的75%后,砌筑墙体。
d) 墙体砌筑选用较大、较整齐的石块,大面朝下,放稳放平。从第二匹开始,应分匹卧砌,并应上下错缝,内外搭接,不得采用外面侧立石块中间填心的砌法。较大的立缝先填浆后垫入小石块;小立缝灌入砂浆后,由扁铲捣实至出现浮浆。

7.3.2.4 浆砌石墙体施工：
a) 石料要求与干砌石石料相同。
b) 根据设计图纸，按照墙所处桩（柱）位置关系、墙体施工中线、起始点、高程点定位挡墙的平面位置和纵断高程，在基础或垫层表面弹出轴线及墙身线。
c) 基础及墙体砌筑要求如下：
  1) 将匹数杆立于石砌体的转角处和交接处，在匹数杆之间挂线控制水平灰缝高度。
  2) 基础石料砌筑时，基础第一匹石块应坐浆，即在开始砌筑前先铺砂浆 30 mm～50 mm，然后选用较大、较整齐的石块，大面朝下，放稳放平。从第二匹开始，应分匹卧砌，并应上下错缝，内外搭接，不得采用外面侧立石块中间填心的砌法。
  3) 基础结合部位按设计要求处理。
  4) 基础砌筑时，石块间较大的空隙应先填塞砂浆，后用碎石块嵌塞。
  5) 不得采用先摆碎石块，后塞砂浆或干填碎石块方法。
  6) 基础的最上一匹，宜选用较大的片石砌筑。交接处和洞口处，应选用较大的平石砌筑。基础灰缝厚度 20 mm～30 mm，砂浆应饱满，石块间不得有相互接触现象。

7.3.2.5 墙体养护应在混凝土或砂浆初凝后，洒水或覆盖养生 7 d～14 d。养护期间应避免碰撞、振动或承重。

7.4 质量检验

7.4.1 桩所用钢筋规格、主筋间距、箍筋间距及其截面尺寸等应符合设计要求。

7.4.2 桩身完整性检测结果应为Ⅰ类和Ⅱ类桩。

7.4.3 桩允许偏差项目应符合本规程表 2 规定。

表 2 桩的质量检验标准

序号	检查项目	允许偏差/mm	检查方法
1	桩的平面位置	±100	用经纬仪或全站仪
2	桩的顶面高程	大于＋100	用经纬仪或全站仪
3	桩径	－50	用钢尺量，每桩上、中、下部各 1 点
4	桩底沉渣	小于＋200	用沉渣仪或重锤测量
5	钢筋笼长度	0～＋100	用钢尺量
6	钢筋笼主筋间距	±10	用钢尺量
7	混凝土强度	符合设计要求	查强度试验报告

7.4.4 预制混凝土桩间板允许偏差应符合本规程表 3 的规定。

表3 预制混凝土桩间板质量检验标准

项目	允许偏差/mm	检验频率		检验方法
		范围/m	点数/个	
边长	±5 或 0.5%边长	每构件(每类抽查10%且不少于5块)	1	用钢尺量
厚、高	±5		2	
侧弯	≤L/1 000		1	
两对角线差	≤10 或 0.7%最大对角线长		1	
外露面平整度	≤5		2	用2 m直尺、塞尺量
预留孔、插销孔及拉环穿孔或预埋件位置	≤5		2	用钢尺量
注：表中 L 为墙板长度,单位为mm。				

7.4.5 预制混凝土桩间板安装允许偏差应符合本规程表4的规定。

表4 预制混凝土桩间板安装质量检验标准

项目	允许偏差/mm	检验频率		检验方法
		范围/m	点数/个	
每层板的板顶高层	±10	20	4组板	用水准仪测量
轴线偏位	±10		3	用经纬仪测量
垂直度	≤0.15% H 且≤10		3	用垂线或经纬仪量
注1：表中 H 为构筑物全高,单位为mm。				
注2：桩间板以同层相邻两板为一组。				

7.4.6 现浇混凝土桩间板允许偏差应符合本规程表5的规定。

表5 现浇混凝土桩间板质量检验标准

项目		允许偏差/mm	检验频率		检验方法
			范围/m	点数/个	
长度		±20	每段	1	用钢尺量
截面尺寸	宽	±5	≤20	2	用钢尺量
	高	±5			
垂直度		≤0.15% H 且≤10		2	用垂线或经纬仪量
外露面平整度		≤5		2	用钢尺量
每层板的板顶高层		±10		2	用水准仪量
注：表中 H 为挡土墙高度,单位为mm。					

7.4.7 桩间墙允许偏差应符合本规程表1的规定。

8 加筋土拦石墙施工

8.1 一般规定

8.1.1 加筋土拦石墙适用于一般地区、基本烈度为Ⅷ度以下地震地区、石料缺乏或运输条件差的地区的崩塌落石拦截,尤其适用于大能量级(≥2 000 kJ)或连续多发落石冲击的地区。

8.1.2 加筋土拦石墙施工工序：基槽(坑)开挖、地基处理、排水设施、基础浇(砌)筑、构件预制与安装、筋带铺设、填料填筑与压实、墙顶封闭等,其中墙面板安装、筋带铺设、填料填筑与压实等工序是交叉进行的。

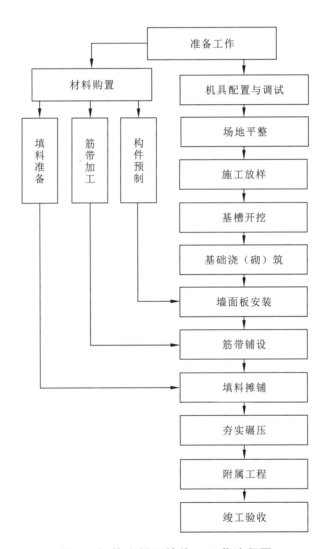

图 1 加筋土拦石墙施工工艺流程图

8.1.3 加筋土拦石墙的反滤层、透水层、隔水层等防水、排水设施,应与墙体同步施工,同时完成。当拦石墙区域内出现层间水、裂隙水、涌泉等时,应先修筑排水构造物。

8.1.4 筋带材料可采用钢带、钢筋混凝土带、钢塑土工加筋带、土工格栅、聚乙烯土工加筋带、聚丙烯土工加筋带等材料。钢带应堆放大垫木上,垫木高度离地面不宜小于20 cm。钢筋混凝土带运输时应轻装、轻卸;堆放时应平放,上下层之间应相互垂直,堆放高度一般不宜超过10层。钢塑土工加筋带和聚丙烯土工加筋带应堆放在通风遮光的室内,并与汽油、柴油、酸、碱等腐蚀性材料隔绝,施工时应随裁随用,及时铺设,及时掩埋。

8.1.5 基坑可采用垂直开挖、放坡开挖、支撑加固或其他加固开挖方法。

8.1.6 加筋体的填料不应对筋材产生腐蚀作用,应选择易于压实、能与筋材产生良好摩擦或咬合作用的填料。

8.1.7 筋带铺设应从面板处开始铺放,保证与面板连接位置准确,从垂直面板往后铺至设计长度。拉筋的长度、位置、间距、层数、铺设形式应符合设计要求。每层拉筋带铺设后,检查筋带外观质量、长度、根数、筋带与预留孔的连接,松紧度、铺设间距等符合设计要求后,方可进行上层填料的填筑。

8.2 基础工程施工

8.2.1 基础施工前应在中轴线加密桩点,地形变化的横断面设置加桩。实测拦石墙基础处地面纵断面图,检查设计图纸是否与实际地形相符。拦石墙基础应置于坚实地基上,埋置深度满足设计要求,位于沟壑、崖岸处的拦石墙墙端应嵌入坚实土体,嵌入深度一般不宜小于 50 cm。

8.2.2 基础开挖后基坑底的平面尺寸宜大于基础外缘 0.5 m～1.0 m。渗水基坑应考虑排水设施(包括排水沟、集水坑)、网管和基础模板等所需增加的面积。

8.2.3 有地表水淹没的基坑,可采用修筑围堰、改河、改沟、筑坝等措施,排开地表水后再开挖。当排水挖基有困难或遇有流沙、涌泥等现象,可采用下列水中挖基方法:
   a) 挖掘机水中挖基:适用于各种土质基坑,但开挖时不要破坏基坑边坡的稳定,可采用反铲挖掘和吊机配合抓泥斗挖掘。
   b) 水力吸泥挖机挖基:适合于砂土、砾卵石土,不受水深限制,其出土效率随水压、水量的增加而提高。
   c) 空气吸泥机挖基:适用于水深 5.0 m 以上的砂土或有少量碎卵石的基坑。在黏土层使用时,应与射水配合进行,吸泥时应同时向基坑内注水,基坑内水位应高于天然水位约 1.0 m,防止流沙与涌泥。
   d) 遇有特殊水文地质时,必要时可进行变更设计,改用桩基及沉井等其他基础形式。

8.2.4 场地地基承载力不满足设计要求时,应进行地基处理。

8.2.5 在松散软弱土质地段,基坑应采用跳槽开挖。基坑开挖不应破坏基底土的结构,如有超挖或扰动,应将原土回填,且应夯实密实或作换土处理。土质基坑挖至高程后,不得长时间暴露或扰动、浸泡。当开挖接近基底高程时,宜保留 0.10 m～0.20 m 厚度,在基础施工前,以人工突击挖除。

8.2.6 岩石地基挖基时如遇有缺口,可采用局部拱形基础,以石砌拱圈跨过,在其上砌筑墙身。修建拱圈时,应保证在整个施工过程中拱架受力均匀,变形最小,拱圈的质量符合实际要求。

8.2.7 当地基岩层有孔洞裂隙时,应视裂缝的张开度,分别用水泥砂浆、小石子混凝土、水泥-水玻璃或其他双液型浆液等浇注饱满。基底岩层有外露软弱夹层时,宜在墙趾前对软弱夹层做封面保护。

8.2.8 当基础置于膨胀土地基时,对中、强级别的膨胀土地基应采取下列改性措施:
   a) 掺加石灰水泥进行改性处理,石灰用量宜为 6%～10%,石灰与水泥质量比宜为 2∶1～3∶1。
   b) 加强土的粉碎和拌和的均匀性,土块粒径应粉碎在 50 mm 以下,处置深度不宜小于 0.3 m。基底应夯压密实。
   c) 应避开雨季作业,做好排水设施。
   d) 应分段连续施工,及时封闭,做好防水、保湿工作。

8.3 墙面板安装

8.3.1 钢筋混凝土面板可在工厂预制或工地预制。面板宜符合如下要求：
  a) 钢筋混凝土面板强度等级不宜低于C20，厚度不应小于80 mm。
  b) 面板上的筋带节点，可采用预埋钢拉环、钢板锚头或预留穿筋孔等构造形式。
  c) 面板四周应设切口和相互连接装置，当采用钢插销连接装置时，插销直径不应小于10 mm。

8.3.2 面板与筋带间无论采用何种方式连接，外露部分均应作防锈处理。土工带与钢拉环连接应作隔离处理。埋于土中的接头，应采用浸透沥青的玻璃丝布绕裹两层，予以防护。

8.3.3 墙面板安装放样要求：
  a) 在干净的条形基础顶面，沿每条伸缩缝设龙门桩，用经纬仪确定面板安装轴线，画出面板外缘线，曲线段应适当加密控制点。在龙门桩的钉子上进行安装第一层面板的水平测量，按要求的面板预设坡度挂线，方向统一，从沉降、伸缩缝处开始，由墙段的一端到另一端。
  b) 安装面板可从沉降缝两侧开始，采用适当的吊装设备安装就位。安装时，单块面板倾斜度可用垂线控制；宜设1/100～2/100的内倾坡度，作为填土过程中，面板在土侧压力作用下外倾变形的预留值。
  c) 墙两端面板初步安装好后，可挂线安装中间块件，以后各层面板中心均宜画上中心线，挂线控制中心线应对齐安装缝中心。
  d) 每层面板后的填料层碾压稳定后，应对面板的水平和垂直方向的位置，用垂球或挂线检查，及时校正。
  e) 在面板安装过程中，相邻面板间的错位可用M5砂浆砌筑调平。同层相邻面板的水平偏差，不应大于10 mm；轴线偏差，每20 m长度不应大于10 mm。安装缝宜小于10 mm，当缝宽较大时，宜用沥青软木等进行填塞。安装缝应均匀、平顺、美观。不应在未完成填土作业的面板上安装上一层面板，或用坚硬石子及铁片支撑面板，应避免应力集中造成面板损坏。
  f) 为防止相邻面板错位及保证面板的相对稳定，第一层面板宜用斜撑固定，以上各层宜用夹木螺栓固定。
  g) 预制面板堆放时，可采用竖放或平放，但应防止插销和扣环变形或角隅损坏。平放时，堆积高度一般不超过5块，板间宜用方木铺垫，上下垫木应位于同一垂线上，防止面板因受弯曲或受剪切出现裂纹。

8.4 填料、摊铺及压实

8.4.1 填料应具有良好的水稳性，宜采用渗水性良好的砂类土（粉砂、黏砂除外）、砾石类土、碎石类土，可使用石灰、水泥、石灰粉煤灰和其他无机结合料稳定土，严禁使用泥炭、淤泥、冻土、盐渍土、白垩土、硅藻土、垃圾土，不宜采用块石类土。粗粒料中不得含有尖锐的棱角，以免在压实过程中压坏筋带，不得使用羊角碾。

8.4.2 填料应优选渗水性好的材料，当用不透水填料时，如黄土、红黏土、膨胀土、杂填土及季节性冻土等，宜在墙背50 cm范围内采用砂砾石类土，以便墙后积水溢出。

8.4.3 填料中粒径$D=60$ mm～200 mm的卵石含量不宜大于30%，最大粒径不宜超过200 mm。

8.4.4 填料的化学和电化学标准主要为保证筋带的长期使用品质和填料本身的稳定，填料中不应含有大量的有机物。采用土工格栅和聚乙烯土工加筋带、聚丙烯土工加筋带的填料中，不宜含有二价以上铜、镁、铁离子及氯化钠、碳酸钠、硫化钠及其他硫化物等化学物质。当筋带为钢带时，填料的化学和电化学标准应满足表6的规定。

表6 填料的化学和电化学标准

项目	电阻率(Ω/mm)	氯离子(m·e/100g±)	硫酸根离子(m·e/100g±)	pH值
无水工程	>100	≤5.6	≤21.0	5～10
淡水工程	>100	≤2.8	≤10.5	5～10
注：每毫克当量(m·e)氯离子为0.035 5 g；每毫克当量(m·e)硫酸根离子为0.048 g。				

8.4.5 钢筋混凝土筋带顶面以上填料一次摊铺厚度不应小于20 cm。

8.4.6 填料每层摊铺后应及时碾压，分层压实厚度不得大于20 cm。采用黏性土作填料在雨季施工时，应做好排水和遮盖。

8.4.7 碾压前应进行压实试验，根据碾压机具、填料性质、最大干密度、最佳含水量和要求密实度，采用不同填料厚度、机械组合和碾压程序，确定最经济的碾压遍数来指导施工。

8.4.8 距面板1.0 m范围内先不予回填，在铺设上层筋带之间，再回填此预留部分，并用人工或小型压实机具压实。

8.4.9 碾压过程中，应随时检查土质和含水量变化情况。宜将填料的含水量控制在最佳含水量的±2％以内；当填料为粉煤灰时，碾压含水量可略大于最佳含水量的1％～2％。遇雨时应防雨浸泡，雨后应将雨水浸泡部分清除。

8.4.10 加筋体必须进行压实度检查。检测数量要求每一压实层每500 m^{2}或每50 m工程段至少要有3个检测点。检测点应相互错开，随机选定。加筋体后半部分的检测点不应低于总数的60％，面板后80 cm宽范围内的压实度检测每层每50 m不少于1点。压实度应达到设计要求，不得低于设计要求的3％，且低于设计要求的点在总检测点数中不超过3％。

8.4.11 填料摊铺、碾压应从拉筋中部开始，平行于墙面碾压，先向拉筋尾部逐步进行，然后再向墙面方向进行，严禁平行于拉筋方向碾压。

8.5 质量检验

8.5.1 填土土质、压实系数应符合设计要求。

8.5.2 基础混凝土强度、预制挡墙板质量应符合设计要求。

8.5.3 拉环及筋带材料的品种、规格、数量及安装位置应符合设计要求，且黏结牢固。

8.5.4 加筋材料铺设的允许偏差、检验数量及检验方法应符合本规程表7的规定。

表7 加筋材料铺设的质量检验标准

项目	允许偏差/mm	检验数量	检验方法
铺设范围	不小于设计值	沿挡墙纵向每100 m抽检3处	用钢尺量
搭接宽度	+50.0		用钢尺量
层间距	±30		用水准仪测量
搭接缝错开距离	±50		用钢尺量
回折长度	±50		用钢尺量

8.5.5 加筋土拦石墙板安装允许偏差应符合本规程表8的规定。

表8 加筋土拦石墙板安装质量检验标准

项目	允许偏差/mm	检验频率		检验方法
		范围/m	点数/个	
每层顶面高程	±10	20	4组板	用水准仪测量
轴线偏位	≤10		3	用经纬仪测量
墙面板垂直度或坡度	≤−0.5%H①；0		3	用垂线或坡度板量

注1：墙面板安装以同层相邻两板为一组。
注2：表中 H 为挡土墙板高度，单位为 mm。
注3：①示垂直度，"＋"指向外，"－"指向内。

8.5.6 墙面板应光洁、平顺、美观无破损，板缝均匀，线形顺畅，沉降缝上下贯通且顺直，泄水孔通畅。

8.5.7 加筋土拦石墙总体允许偏差应符合本规程表9的规定。

表9 加筋土拦石墙质量检验标准

项目	允许偏差/mm	检验频率		检验方法
		范围/m	点数/个	
墙顶线位	±50	20	3	用钢尺量
墙顶高程	±30		3	用水准仪测量
墙面倾斜度	≤+0.5%H 且 ≤+50①；≤−1.0%H 且 ≥−100①		2	用垂线或坡度板量
墙面板缝宽	±10		5	用钢尺量
墙面平整度	≤15		3	用2 m直尺、塞尺量

注1：表中 H 为挡土墙板高度，单位为 mm。
注2：①示墙面倾斜度，"＋"指向外，"－"指向内。

9 格宾石笼拦石墙施工

9.1 一般规定

9.1.1 格宾石笼拦石墙基础埋设深度不小于设计深度，基槽应按设计要求分段、分层开挖；基础垫层及其密实度、几何尺寸应按设计要求进行施工。

9.1.2 格宾石笼箱砌体应符合以下要求：
   a) 网箱组砌体平面位置必须符合设计要求。
   b) 网箱层与层之间砌体应纵横交错、上下联结，严禁出现通缝。
   c) 组装格宾网箱间隔网身应成90°相交，经绑扎形成长方形网箱组或网箱。
   d) 绑扎线必须是与网箱同材质的钢丝。

e) 构成网箱的各种网片交接处绑扎道数应符合下列要求。
   1) 网箱各种网片交接绑扎,扎丝间距应不大于 200 mm;
   2) 在各层上下网箱框线应绑扎在一起;
   3) 箱体封盖应在顶部石料砌垒平整后进行,绑扎要求同网片交接处水位绑扎;
   4) 网箱间的绑扎方式也可采用螺旋式缠绕绑扎;
   5) 间隔网与网身的四处交角各绑扎一道。

9.1.3 格宾网填充石料施工应符合以下要求:
   a) 格宾网填充石料的规格质量必须符合设计要求。
   b) 网箱内每层投料厚度应不大于 30 cm,一般 1.0 m 高网箱分 4 层投料为宜,并用小粒径填塞缝隙,调整箱体外形。
   c) 裸露填充石料,表面应砌垒整平,石料间应相互搭接。

9.2 格宾石笼施工

9.2.1 根据设计图纸,对石笼数据、资料及几何尺寸进行复查。

9.2.2 指定专人负责测量工作,为现场施工及时准确的放线提供所需的测量资料。施工基面测量的精度:平面位置允许误差±30 mm～±40 mm,高程允许误差±30 mm,平整度的相对高度允许范围±30 mm。

9.2.3 格宾网箱材料应符合下列规定:
   a) 高抗腐蚀 PE 膜+锌铝合金网,网孔 8 cm×10 cm,网丝 ϕ2.5 mm,涂塑后 ϕ3.5 mm,边丝 ϕ3.5 mm,涂塑后 ϕ4.5 mm,钢丝材质符合《碳素结构钢》(GB/T 700)标准规定,石笼设计使用 30 年,PE 膜符合《塑料拉伸性能的测定》(GB/T 1040.1)规定。
   b) 格宾网必须由厂家加工成半成品箱笼,确保稳固性和抗拉性。
   c) 格宾网片必须均匀,不得扭曲变形,网孔径偏差应小于设计孔径的 5%。
   d) 格宾网必须有质量合格证书以及出厂合格证。

9.2.4 填充料应符合下列规定:
   a) 填充料应选用坚固、密实、耐风化的石材,网箱内填充石块块径应以 20 cm～30 cm 为主。
   b) 网箱石料必须大于网孔孔径,且满足设计规定的粒径要求。

9.2.5 格宾石笼的绑扎应符合下列规定要求:
   a) 格宾石笼的绑扎间距应小于 25 cm,上下底角处必须绑扎,扎丝扭紧必须不低于 3 绞。
   b) 同一层格宾石笼必须连接,绑扎间距不大于 25 cm,连接处四边必须绑扎在一起。上下层格宾笼必须绑扎连接,绑扎部位为格宾石笼每格(1 m×1 m)底部绑扎 4 道,均匀分布,上下层每个笼子连接道数不得少于 16 道。
   c) 石料填充过程中,每一格网箱必须拉 3 层拉丝,以免网箱石料鼓出。隔断网片石料填充完毕后,必须将面层网片拉紧绷直。
   d) 收口时扎丝间距不得大于 25 cm,若收口缝隙过大,必须用十字丝绑扎扭紧,同时相邻石笼必须绑扎连接,绑扎间距不大于 25 cm。同时隔断网片必须与面层网片绑扎连接,绑扎道数不少于 3 道。

9.2.6 石料填充应符合下列规定:
   a) 粒径大于 20 cm 石料的比例应大于 80%,级配好的碎石比例不大于 20%。
   b) 禁止填入土方,禁止将石笼边上的土夹石填入石笼,禁止将土夹石刮到石笼表面,严禁出现石料间隙大于5 cm。砌筑时一边砌筑大粒径石料,一边用小粒径石料填充孔隙。

c) 石笼中间孔洞必须用级配好的碎石进行填充,保证石笼密实度。表面面层石料孔隙必须小于5 cm,大面必须平整,顶面石料必须找平后才能继续上一层施工。

9.2.7 石笼施工时,必须预留5%的坡度,坡度方向为向坡内方向。禁止石笼向外倾斜,一经发现,必须返工。

9.2.8 石笼施工完毕后,必须由质量检查人员认定符合质量要求后才能进行土方回填;禁止班组成员自行安排机械回填石笼背面土方。土方回填时,禁止直接用装载机倒入墙体背面,必须少量多次回填。

9.2.9 石笼标高控制应符合下列规定:

a) 当测量人员标记好控制标高后,施工班组人员必须按照测量人员要求进行挂线。挂线完毕后,测量人员将安排班组人员具体施工细节,班组人员必须听从测量人员安排,禁止自作主张。

b) 石笼施工时,班组人员必须配合测量人员进行标高控制,自行提前准备施工线等。

c) 最上一层石料填充开始,必须通知测量人员对完成面标高进行控制。完成面标高未进行标记控制的,不能进行收口。

9.3 质量检验

9.3.1 填充料采用片石和卵石两种材料,80%填充料(片石、卵石)的粒径应在80 mm~300 mm之间,其余为较小粒径填充料,用于填充石缝。

9.3.2 填料时同时均匀向一组网格内填料,严禁往单个网格内填料,网格内填料高差为网格高度的1/3。

9.3.3 石料填充后填充率应达到70%及以上。

9.3.4 格宾石笼拦石墙允许偏差应符合本规程表10的规定。

表10 格宾石笼拦石墙质量检验标准

序号	检查项目		允许偏差/mm	检查方法
1	墙顶高程(水下抛筑)		±150	用经纬仪或全站仪
2	墙顶宽度(水下抛筑)		+120,-250	用钢尺量
3	轴线位置		1 500	用经纬仪或全站仪
4	充填袋尺寸	长度	+50,-30	用钢尺量
5		宽度	+30,-10	

10 附属防治工程施工

10.1 缓冲层施工

10.1.1 缓冲层常采用柔性材料(可伸缩、弯曲、扭转、变形而不失去性能)进行施工,可采用黏土、黏土含碎石、细粒混合土等具有一定黏性的土料。当施工空间太小,无法满足缓冲层厚度所需的空间时,可采用废弃轮胎、土袋等。

10.1.2 黏土含碎石时碎石粒径应小于8 cm,且碎石含量不宜超过50%。

10.1.3 缓冲层施工前应进行填方基底和已完工程的清理、整平、检查和中间验收,合格后要做好记录及验收手续。

10.1.4 缓冲层的设置应符合设计要求。

10.1.5 施工前应根据工程特点、填方土料种类、密实度要求、施工条件等,合理确定填方土料含水率控制范围、虚铺厚度和压实遍数等参数;重要回填土方工程,其参数应通过压实试验来确定。

10.1.6 工艺流程:基底清理→检验土质→分层铺土→辗压密实→找平验收。

10.1.7 检验各种土料的含水率和组分是否符合设计要求。含水率偏高可采用翻松、晾晒等措施;含水率偏低,可采用预先浇水润湿等措施。

10.1.8 填土应分层铺摊。每层铺土的厚度应根据土质、密实度要求和机具性能确定,或按表11选用。辗压时,轮(夯)迹应互相搭接,防止漏压、漏夯。辗压机械压实填方时,应控制行驶速度。

表11 填土每层的铺土厚度和压实遍数

压实机具	每层铺土厚度/mm	每层压实遍数/遍	行驶速度/km·h^{-1}
平辗	200～300	6～8	≤2
羊足辗	200～350	8～16	≤3
蛙式、柴油式打夯机	200～250	3～4	

10.1.9 缓冲层长宽比较大时,填土应分段进行;每层接缝处应做成斜坡形,辗迹重叠0.5 m～1.0 m。上下层错缝距离不应小于1 m。

10.1.10 缓冲层填方高于基底表面时,应保证边缘部位的压实质量。填土后,如设计不要求边坡修整,宜将填方边缘宽填0.5 m;如设计要求边坡整平拍实,宽填可为0.2 m。

10.1.11 在机械施工辗压不到的填土,应配合人工推土,用蛙式或柴油式打夯机分层夯打密实。

10.1.12 回填土每层压实后,应按规范规定进行环刀取样,测出干土的质量密度,达到要求后,再进行上一层的铺土。

10.1.13 采用不降解土袋装土堆码缓冲层时应满足以下要求:
  a) 袋中宜装填不渗水的黏性土,装土量为土袋容量的1/2～2/3,袋口应缝合。
  b) 码土袋时上下层和内外层的土袋均应相互错缝,堆码密实、平稳。

10.1.14 当采用加筋土作为缓冲层材料时,筋带铺设、填料、摊铺及压实施工参照本规程8.3条、8.4条规定。

10.1.15 填方全部完成后,表面应进行拉线找平,高于标准高程的地方应依线铲平,低于标准高程的地方应补土夯实。

10.1.16 填方应按设计要求预留沉降量。当设计无要求时,可根据工程性质、填方高度、填料种类、密实要求和地基情况等与建设单位共同确定,沉降量不宜超过填方高度的3%。

10.1.17 成品保护应符合下列规定:
  a) 施工时应注意保护定位桩、轴线桩和标高桩,防止碰撞位移。
  b) 夜间施工时,应合理安排施工顺序,要设有足够的照明设施,防止铺填超厚,严禁汽车直接倒入基(槽)内。
  c) 基础或管沟、拦石墙的现浇混凝土达到设计强度的90%以上,方可回填土。

10.1.18 质量检验应符合下列规定:
  a) 基底处理必须符合设计要求或施工规范的规定。

b) 回填的土料必须符合设计要求或施工规范的规定。
c) 回填土必须按规定分层夯压密实。取样测定压实后土的干土质量密度,其合格率不应小于90%;不合格干土质量密度的最低值与设计值的差不应大于 0.08 t/m³,且不应集中。环刀法取样的数量应符合规定。
d) 缓冲层施工允许偏差项目应符合本规程表12规定。

表 12 缓冲层施工质量检验标准

项次	项目	允许偏差/mm	检验方法
1	顶面标高	+0,-50	用水准仪或拉线尺量检查
2	表面平整度	20	用 2 m 靠尺和楔形塞尺检查

10.2 落石槽施工

10.2.1 落石槽位置应按设计要求放样。

10.2.2 采用机械开挖方法,不因施工影响后壁岩体稳定。

10.2.3 落石槽内外坡率必须满足或达到设计要求。

10.2.4 落石槽的纵横坡度应按设计要求修筑平顺。坡面的防渗层应随即施工,及时完成。

10.2.5 落石槽材料可以使用浆砌块石、条石或素混凝土。块石、条石强度等级不得低于设计要求且不应小于 30 MPa,混凝土强度等级不应低于 C15;砂浆应拌合均匀,色泽一致,稠度适中,和易性适中,强度不低于设计标号。

10.2.6 浆砌块石、条石的施工必须采用坐浆法,所用砂浆宜采用机械拌和。块石、条石表面应清洗干净,砂浆填塞应饱满,严禁干砌。

10.2.7 块石、条石所用石材的表面宜平整,块石厚度不应小于 200 mm,外露面采用 M7.5 砂浆勾缝。应分层错缝砌筑。

10.2.8 质量检验。落石槽施工允许偏差项目应符合本规程表13的要求。

表 13 落石槽质量检验标准

检验项目	规定值或允许误差/mm	检验方法
槽底高程	±100	用水准仪测,每长 5 m 测 1 点,且不少于 3 点
槽尺寸	±50	用尺量,每长 5 m 量 1 处,且不少于 3 处

10.3 排水工程施工

10.3.1 一般规定

10.3.1.1 排水工程所用的砂浆、混凝土应采用机械拌和。各种水泥砂浆、混凝土的强度等级和石料的强度均应符合设计要求。

10.3.1.2 开挖土方时,应留够稳定边坡,对淤泥质土、软弱土、淤泥等松软土层,应挖除。重要的大落差跌水、陡坡地基,宜进行夯压加固处理。

10.3.1.3 砌砖应用坐浆法,砌片石用坐浆法或灌浆法;石料或砖使用前应洗刷干净。

10.3.1.4 砌石时,基础应敷设50 mm～80 mm砂浆垫层,第一层宜选用较大的片石;分层砌筑,每层厚250 mm～350 mm,由外向里,先砌面石,再灌浆塞实,铺灰坐浆要牢实。

10.3.1.5 砌片石(砖)时,应注意纵横缝互相错开,每层横缝厚度保持均匀。未凝固的砌层避免震动。

10.3.1.6 砌石面应勾缝,在砂浆初凝后,应将灰缝抠深30 mm～50 mm,清净润湿,然后填浆勾阴缝。

10.3.1.7 排水设施应纵坡顺适、沟底平整、排水顺畅、无冲刷和阻水现象。

10.3.1.8 排水设施的几何尺寸应根据集水面积、降雨强度、历时、分区汇水面积、坡面径流量、坡体内渗出的水量等因素进行计算确定,并做好整体规划和布置。

10.3.2 排水沟施工

10.3.2.1 起截水作用的排水沟应先施工,与其他排水设施应衔接平顺。

10.3.2.2 排水沟应按设计要求进行防渗及加固处理。地质不良地段、土质松软路段、透水性强或岩石裂缝较多地层,排水沟沟底、沟壁、出水口都应进行加固处理,防止水流渗漏和冲刷。

10.3.2.3 排水沟在山坡上方一侧的砌体与山坡土体连接处,应进行夯实和防渗处理,以防止顺山坡下来的水渗入而影响山坡稳定。

10.3.2.4 排水沟两侧施工结合槽要切实夯填达到设计要求。

10.3.3 排水工程质量标准

10.3.3.1 纵坡顺直,曲线线形圆滑。

10.3.3.2 沟壁平整稳定,无贴坡。沟底平整,排水顺畅,无冲刷和阻水现象。

10.3.3.3 各类防渗、加固设施坚实稳固。

10.3.3.4 浆砌片石工程,嵌缝均匀、饱满、密实,勾缝平顺无脱落、密实、美观,缝宽均衡协调;砌体咬扣紧密;抹面平整、压光、顺直、无裂缝、空鼓。

10.3.3.5 水泥混凝土砌块的强度符合设计要求,砌体平整,勾缝整齐牢固。

10.3.3.6 排水工程施工质量应符合本规程表14规定。

表14 排水工程施工质量标准

序号	检查项目		规定值或允许偏差/mm	检查方法和频率
1	材料强度		符合设计要求	同一配合比,每台班两组
2	沟底纵坡		符合设计要求	水准仪:每200 m测8处
3	沟底高程	石砌体排水工程	±15	水准仪:每200 m测8处
		混凝土排水工程	+0,-30	
4	断面尺寸	石砌体排水工程	±30	尺量:每200 m测8处
		混凝土排水工程	不小于设计要求	
5	边坡坡度		符合设计要求	坡度尺:每50 m测2处
6	边棱顺直度	石砌体排水工程	30	尺量:20 m拉线,每200 m测4处
		混凝土排水工程	50	
7	基础垫层宽度、厚度		不小于设计值	尺量:每200 m测4处

11 施工安全与环境保护

11.1 安全措施

11.1.1 项目管理机构应设置安全职能部门，建立完善的安全保障体系。安全人员的配备需符合国家安全生产的相关规定。

11.1.2 在编制施工组织设计的同时，应针对工程施工的特点查找和分析危险源，制定相应的安全技术管理方案及防灾应急抢险预案，定期开展防灾预演与抢险应急演练。

11.1.3 施工过程中应对坡体变形进行监测，如出现变形异常应立即组织人员及设备撤离。

11.1.4 施工临时设施应避开可能发生地质灾害及其影响区域，防止施工期内产生次生灾害。

11.1.5 施工现场所有设备、设施、安全装置及个人劳动保护用品须定期检查，施工中采用的新技术、新工艺、新设备、新材料应制定相应的安全技术措施。

11.1.6 施工中现场平面布置应符合安全规定及文明施工的要求，现场道路应平整密实、保持畅通。

11.1.7 施工区域周边应设置警示标识，非施工人员不得随意进入施工场地。危险地点应悬挂醒目的安全标识，现场人员均应规范配戴安全防护用品。

11.1.8 施工现场临时用电须执行《施工现场临时用电安全技术规范》(JGJ 46)中的规定。施工爆破须遵守《爆破安全规程》(GB 6722)中的规定，并应制定专门的安全施工方案。

11.1.9 特殊工种，如爆破工、电焊工、起重工、工程机械操作手、车辆司机等均须持证上岗。

11.1.10 坡面上下级拦石墙不应同时施工，坡度大于30°的边坡，作业区上方应设置防护挡板，挡板应能拦截可能的落石冲击。

11.1.11 作业区上方坡面危石应先人工清除，清除施工应由上至下分区段进行。高陡的坡上施工人员应挂安全绳，安全绳应固定于坡顶。

11.1.12 拦石墙施工如需搭设脚手架，应符合《建筑施工扣件钢管脚手架安全技术规范》(JGJ 130)中的要求。脚手架支搭以前，必须制定施工方案并进行安全技术交底。

11.1.13 遇有恶劣气候(如风力五级以上，雨雪天气等)影响施工安全时应停止高处作业。脚手架在大风、大雨后，要进行检查，如发现倾斜、下沉及松扣、崩扣，要及时修理。

11.1.14 脚手架拆架前在周围用绳子或铁丝先拉好围栏，没有监护人及安全员在场，外架不准拆除。

11.1.15 脚手架安全施工平台应按设计的位置和高度安装上下两道护栏和踢脚板，且踏板叠放长度、踏板超出的端部支撑长度及平台坡度应满足规范要求。

11.1.16 坡面较陡的作业区下方不能站人，施工材料坡面运输应防止滑落伤人。

11.1.17 当边坡变形过大，变形速率过快，周边环境出现沉降开裂等险情时应暂停施工，根据险情原因选用如下应急措施：

    a) 做好临时排水、封面处理。

    b) 采取临时加固措施。

    c) 对险情段加强监测，并应做好拦石墙工程和边坡变形异常应急处理。

    d) 尽快向勘查和设计等单位反馈信息，复审勘查和设计资料，按施工现状的工况验算。

    e) 必要时组织专家及相关单位进行会审。

11.1.18 开挖的边坡应保持稳定，应加强监测，防止边坡塌滑伤人。

11.1.19 拦石墙工程施工出现险情时，应查清原因，并结合拦石墙要求制定施工抢险或更改拦石墙工程设计方案。

11.1.20 在施工期间用火要执行有关规定,大风季节严禁使用明火,对于必要进行的明火操作(如电焊、氧焊)采取相应的隔离防护措施,用火点周围严禁堆放木材等易燃、易爆物品,避免可能造成的火灾、爆炸等事故。

11.2 环境保护措施

11.2.1 拦石墙施工应贯彻和落实国家和地方有关环境保护的法律、法规,自觉接受当地政府、群众和主管部门的检查监督。

11.2.2 对施工过程中的环境因素进行分析,施工组织设计中应制定环境保护措施,建立环保施工管理体系和细则,完善管理制度并落实。

11.2.3 拦石墙施工前,应标牌公示治理工程概况和环境保护责任人,并做好与当地居民、基层组织的沟通协调,争取当地民众的支持。对可能造成环境重大影响的施工,应进行专门论证,采取减少或避免对环境影响破坏的施工方案。

11.2.4 按照绿色施工要求,做到节地、节能、节材。临时用地在满足施工需要的前提下应节约用地,施工中保护周边植被环境,不随意乱砍、滥伐林木。

11.2.5 临时道路、临时场地宜硬化,并保证路面平整、干净。利用当地已有道路时,采取措施尽量减少车辆抛洒物,安排专人及时清扫路面,晴天注意洒水除尘。

11.2.6 宜选用低噪声机械设备,合理布置施工场地,降低施工噪声对民众生活的干扰。爆破作业应安排在白天进行,尽量采用少药量、延时爆破作业方式。

11.2.7 施工作业人员应配置必要的环保装备,在基坑开挖、混凝土搅拌、爆破等粉尘噪声环境下应配戴防尘口罩、防噪耳塞等。

11.2.8 弃土前应与建设单位协调好堆放地点,并办妥临时征地手续及青苗赔偿。弃土按指定地点有序堆放,必要时采取工程措施确保边坡稳定,避免弃土流失污染环境。

11.2.9 弃土堆不宜设在沟谷中阻碍沟道、江河水域,弃土堆坡脚宜设置挡土结构。

11.2.10 生活区设垃圾池,垃圾集中堆放,并及时清运至指定垃圾场。生产生活污水排放应遵守当地环境保护部门的规定,宜经沉淀净化处理后排放。

11.2.11 拦石墙治理工程施工过程中发现文物,应立即停止施工,采取合理措施保护现场,同时将情况报告建设单位和当地文物管理部门。

11.2.12 施工过程中应保护施工段水域的水质,施工废水要达到有关排放标准,以避免污染附近的地表水体。

11.2.13 拦石墙治理工程施工结束后应对施工垃圾及时清理,拆除临建设施,恢复原有生态环境。

11.2.14 预防和治理因工程建设造成的水土流失,控制新增水土流失,使防治责任范围内达到《开发建设项目水土流失防治标准》(GB 50434)中规定的二级标准。

11.2.15 制定空气污染控制措施,尽量选取低尘工艺,安装必要的喷水及除尘装置。

12 拦石墙工程监测

12.1 一般规定

12.1.1 拦石墙工程施工过程中,应对崩塌或危岩、堆积体及所在斜坡进行变形监测。进行拦石墙工程施工时,应进行实时监测预警,非施工时段可按一定频次开展监测工作。

12.1.2 监测点布设位置和监测内容应具有代表性和针对性，同时考虑长期效果监测的需求。

12.1.3 对稳定性差、危害大的地质灾害隐患宜采用人工巡视与专业监测相结合的监测预警方式。

12.1.4 施工区及生活区若存在威胁施工人员与机具安全的地质灾害隐患，应编制地质灾害专项监测方案和防灾预案，开展施工安全监测预警。

12.1.5 施工期地质灾害监测应与常规地质灾害监测预警相结合。施工单位应明确并让所有施工人员知晓预警信号，应开展应急疏散演练。

12.1.6 监测仪器、设备，应能满足监测精度要求，精确可靠；适应环境条件，抗腐蚀能力强，受外界影响小，具有长期的稳定性及可靠性；便于维护和更换。

12.2 监测类型及内容

12.2.1 拦石墙工程监测包括施工安全监测、防治效果监测和动态长期监测，竣工验收前以施工安全监测和防治效果监测为主；竣工验收后，应进行动态长期监测。

12.2.2 施工安全监测崩塌体应进行实时监测，监测内容包括危岩体地面变形、节理裂隙发育情况、落石掉块情况、堆积体变形等。监测点应布置在崩塌体稳定性差，或工程扰动大的部位，应采用多种手段相互验证和补充。

12.2.3 施工安全监测宜采用连续自动定时观测方式进行监测。

12.2.4 地面变形监测应以仪器测量为主，人工巡视为辅。

12.2.5 防治效果监测时间长度不应小于一个水文年。

12.3 监测资料整理

12.3.1 监测数据包括地质灾害点基本资料，动态变化数据，灾情等原始数据、报告、图片及录像。

12.3.2 所有监测数据均应以数字化形式储存在信息系统中，并以纸介质形式备份保存。

12.4 临灾预警与处置

12.4.1 应设置安全避险场所，场所总面积应能容纳所有施工人员。

12.4.2 应在施工全域设置应急疏散通道，疏散通道应有明显的标识，通道应随时保持畅通。

12.4.3 当各项监测指标达到临界预警值时，应及时发出预警信号，组织危险区内施工人员按疏散路线撤离到安全避险场所。各项监测临界预警值参照《崩塌·滑坡·泥石流监测规范》（DZ/T 0221）执行。

13 施工组织

13.1 一般规定

13.1.1 为了确保拦石墙治理工程的安全、顺利和按期、保质、保量完成施工任务，开工前应编制切实可行的施工组织设计。

13.1.2 对于重要的分部分项工程应编制分部分项工程施工组织设计。

13.1.3 拦石墙治理工程的施工，应根据施工难度，安排分段施工。根据气候条件，安排施工季节。

13.1.4 施工组织设计中，应积极推广先进技术和先进工艺。

13.1.5 对于施工难度大、危险性高的分项工程，需要制定施工过程监测和应急抢险预案。

13.2 准备工作与编制施工组织设计依据

13.2.1 编制施工组织设计前,应做好下列准备工作:

a) 收集拦石墙治理工程勘查报告、可行性研究报告和设计图纸,熟悉设计图纸的依据、目的和内容。
b) 研究工程施工合同。
c) 调查场地的自然条件,包括施工现场地上和地下障碍物情况、周围建筑物坚固程度、交通运输与水电状况,为编制施工现场的"三通一平"计划提供依据。
d) 现场调查与工程实施相关的主要建筑材料、设备及特种物质在当地的生产与供应情况。

13.2.2 编制施工组织设计应有以下依据:

a) 计划文件,包括国家或地方政府批准的建设计划文件、治理工程项目情况、工程所在地主管部门的批件,以及施工中标合同书等。
b) 技术文件,包括本工程的全部施工图纸、预算书、说明书、会审记录,以及所需的标准图等。
c) 工程量,包括工程预算中分部分项工程量等。
d) 工程地质勘察报告以及施工现场的地形图测量控制网点。
e) 与工程有关的国家和地方法规、规定、施工验收规范、质量标准、操作规程和预算定额。
f) 与工程有关的新技术、新工艺和类似工程的经验资料。

13.3 编制内容和方法

13.3.1 施工组织设计的内容应包括编制依据、原则、总体目标、工程概况、施工部署、施工方案、施工安全措施、质量承诺及保证措施、工期承诺及保证措施、特殊工程结构的施工方法、施工进度计划、各项资源需要量计划、施工主要工序、施工平面图、劳动力安排和材料投入计划、安全文明施工保证措施、主要技术措施、技术经济指标、合同履约及廉政措施等。

13.3.2 编制计划网络图,根据工程量、工期要求,材料、构件、机具和劳动力的供应情况,结合现场情况拟定施工方案。

13.3.3 施工方法应根据各分部分项工程的特点选择,着重于施工的机械化、专业化。对新结构、新材料、新工艺,应说明其工艺流程。明确保证工程质量和安全的技术措施。

13.3.4 应在满足工期要求的情况下,确保施工顺序,划分施工项目和流水作业段,计算工程量,确保施工项目的作业时间,组织各施工项目间的衔接关系,编制进度图表。

13.3.5 施工组织设计中应对各项资源需要量进行计划,包括材料、构件和加工半成品、劳动力、机械设备等,编制资源需要量计划表。

13.3.6 施工平面图应标明单位工程所需的施工机械、加工场地、材料等的堆放场地和水电管网与公路运输、防火设施等的合理位置。

13.3.7 根据工程特点和工期,制定切实可行的保证工程质量、安全管理、组织管理、进度安排、资源与技术保证及针对不同季节施工等具体措施。

13.3.8 为便于工程的实施,应在施工组织设计中提出临时设施计划,包括工地临时房屋、临时供水、临时供电等设施。

13.3.9 拦石墙建设区地质情况复杂地段,施工组织设计中可根据地质灾害勘查、设计及现场调查情况,提出可能出现的故障和变更情况,并提出解决措施。

13.3.10 对于稳定性差的灾害治理拦石墙工程,需要在施工组织设计中明确现场施工应采取的防治措施和应急抢险预案。

13.3.11 施工过程中自始至终应执行履行合同各项条款,按照相关要求文明施工。

14 质量检验和工程验收

14.1 一般规定

14.1.1 拦石墙治理工程质量检验评定标准,适用于中间检查和竣(交)工验收。

14.1.2 拦石墙治理工程应实行监理制。监理工作应由专门的具有地质灾害防治监理资质的监理单位承担,负责检查、督促工程的施工。

14.1.3 施工单位应在每道工序完成后进行相应的自检和验收,监理工程师应参加验收,并做好隐蔽工程记录。不合格时,不允许进入下一道施工工序。重要的中间工程和隐蔽工程检查应由建设单位代表、监理工程师和设计代表共同参加检查验收。

14.1.4 工程完成后,施工单位应对工程质量进行自检和评定,自检合格后,将竣工验收报告和有关资料提交建设单位,自检和评定可参照附录A、附录B。由建设单位组织勘察、设计代表及监理工程师进行检查、验收和质量评定。验收文件应经以上各方签字认可。

14.1.5 工程验收应检查竣工档案、工程数量和质量,填写工程质量检查评定表,评定工程质量等级。

14.1.6 工程检查项目由保证项目、基本项目、允许偏差项目和竣工档案资料4部分组成。保证项目应符合质量评定标准的规定。在该前提下根据其他项目的情况评定质量等级。

14.1.7 拦石墙治理工程质量按下列规定分为不合格、合格、优良三个等级。

a) 不合格:
1) 项目不符合本规程有关章节的规定;
2) 允许偏差项目抽查的点数中,低于70%的实测值在本规程有关章节的允许偏差范围内;
3) 竣工档案资料不齐全、缺项等。

b) 合格:
1) 保证项目应符合本规程有关章节的规定;
2) 允许偏差项目抽查的点数中,70%以上的实测值应在本规程有关章节的允许偏差范围内;
3) 竣工档案资料基本齐全。

c) 优良:
1) 保证项目应符合本规程有关章节的规定;
2) 允许偏差项目抽查的点数中,90%以上的实测值应在本规程有关章节的允许偏差范围内,且最大偏差值不得超过允许偏差值的2倍;
3) 竣工档案资料齐全、准确。

14.1.8 不合格的工程经返工达到要求后,只能评定为合格。未达到要求的,不能通过验收。

14.2 砌石工程

砌石工程的验收执行《砌体结构工程施工质量验收规范》(GB 50203)中的规定。

14.3 混凝土工程

拦石墙工程中，混凝土工程的验收执行《混凝土结构工程施工质量验收规范》(GB 50204)中的规定。

14.4 格宾石笼

a) 格宾石笼采用的材料规格、质量及石笼的制作应满足设计要求。
b) 允许偏差项目：
   1) 水上石笼坝应紧密稳定，坡度不得陡于设计坡度；水下石笼坝体平均断面尺寸不小于设计值；
   2) 每个石笼的总重及直径不得小于设计值；
   3) 石笼坝体的充填度不得小于80％。

14.5 工程验收

14.5.1 工程施工达设计图纸要求后，施工单位要组织工程自验收，工程实体和工程资料两个方面均要自验合格，并编写自验合格报告和申请验收报告。

14.5.2 申请验收报告经现场监理机构复核和审查合格后上报工程项目业主或项目管理机构，由项目业主或管理机构组织工程项目竣工初步验收，验收时邀请3～5名相关专家参加，监理单位总监理工程师、设计单位项目负责人、施工单位项目负责人、技术负责人等参加，初步验收的组织形式由组织单位确定。勘察、设计、监理和施工单位的主要参与成员必须参加，初步验收必须有明确的是否通过验收的结论。

14.5.3 初步验收不通过的，施工单位应根据验收意见进行整改和返工，并自验收合格后重新申请验收。

14.5.4 拦石墙工程验收时，应提交下列资料：
a) 勘查报告、施工设计图、图纸会审纪要(记录)、设计变更单及材料代用通知单等；
b) 经审定的施工组织总设计、分部分项工程施工组织设计、施工方案及执行中的变更情况；
c) 防治工程测量放线图及其签证单；
d) 原材料(格宾网、钢筋、水泥、砂、石料、外加剂及焊条)出厂合格证及复检报告；
e) 焊件试验报告；
f) 混凝土配合比通知单和混凝土试块强度试验报告；
g) 基坑、基槽验槽报告；
h) 各隐蔽工程检查验收记录；
i) 各种施工记录表格；
j) 各分部分项工程质量检查报告；
k) 竣工图及竣工报告；
l) 施工影像资料；
m) 监理单位资料；
n) 勘查总结报告、设计总结报告；
o) 监测报告(包括整个施工期及施工完成一个水文年或经历了一个雨季)。

14.6 竣工验收、工程移交

14.6.1 初步验收合格使用一个水文年后,施工单位向项目业主或项目管理机构申请竣工验收,竣工验收重点是对工程在一个水文年的使用中的质量情况进行评估验收以及对初验整改情况进行评估验收。

14.6.2 竣工验收资料应包括以下内容。

14.6.2.1 现场管理资料如下:
   a) 批准的施工组织设计和安全施工方案;
   b) 图纸会审记录;
   c) 技术交底会议记录;
   d) 设计变更单;
   e) 工程联系单、质量事故处理单;
   f) 记录文件(会议纪要、记录和往来函件等);
   g) 工程日志(项目经理记录当天的各种活动、工程进度、天气状况);
   h) 竣工报告;
   i) 工程竣工图;
   j) 工程施工合同文件或协议;
   k) 竣工结算、决算审核文件;
   l) 自检报告;
   m) 初步验收工程质量评定等级表;
   n) 竣工验收工程质量评定等级表;
   o) 其他。

14.6.2.2 建筑材料检验表资料如下:
   a) 进场材料的检验表(检验表、进场合格证);
   b) 进场材料抽检表(抽检表、抽检结果合格证);
   c) 配合比试验报告表(报告表、试验结果表);
   d) 各种试块报告表(报告表、试验结果表)。

14.6.2.3 施工报验资料如下:
   a) 施工工序报验(报验表、施工记录表、质量检验表);
   b) 施工检验批报验(报验表、质量检验表、计量表)。

14.6.2.4 影像资料如下:
   a) 开工前的影像资料;
   b) 施工过程中的影像资料;
   c) 完工后的影像资料;
   d) 隐蔽工程的影像资料。

14.6.3 竣工报告大纲应包括以下内容:
   a) 工程概况;
   b) 工程场地地质条件及施工依据;
   c) 施工总体部署;
   d) 工程质量保证措施;

e) 完成工作量；
f) 工程质量评价及检测结果；
g) 工程竣工验收结论；
h) 工程质量保修承诺。

14.6.4 竣工验收合格后施工单位将工程移交项目业主或项目管理机构。

附 录 A
（资料性附录）
工程质量保证资料检查评定表

分项工程：　　　　　　　　所属分部工程：　　　　　　　所属单位工程：
所属工程项目：　　　　　　施工单位：　　　　　　　　　监理单位：

序号	检查内容	检查重点	检查情况	实扣分
1	主体结构技术质量试验资料	①砂浆或混凝土强度；②地基承载力检测报告；③工程质量检测报告；④工程质量要求齐全、正确、达标		
2	原材料试验，各种预制件质量资料合格证明	①水泥、钢材、砂、石、砖、水等原材料试验资料；②各种预制件合格证书及试验资料要求齐全、正确、达标		
3	隐蔽工程验收单（含地质编录）	资料齐全，手续完备		
4	工程质量评定单	分项、分部、单位工程质量评定资料齐全，填写正确、真实，手续完备		
5	重大质量事故处理	报告是否及时，并按规定处理，技术处理资料是否完备		
6	施工组织设计技术交底	有质量目标设计，施工组织设计符合要求，审批手续齐全，技术交底单齐全，手续完备		
7	洽商记录	洽商记录齐全，有编号，手续完备		
8	竣工图	竣工图清晰完整，变更与洽商相符		
9	测量复核记录	控制点、基准线、水准点的复测记录，齐全、准确		
10	合计扣分			

一、扣分原则
　（1）第1项必须合格。按质量检验评定标准要求的检验内容和频率，漏检点数每达到全部应检点数的1%，扣3分；2%，扣6分，依此累加。
　（2）第2~3项，每缺一项或有一项不合格，视严重程度扣0.5~2分。
　（3）第4~9项，根据存在问题的严重程度，每项扣0.5~1分。

二、评定
　（1）实扣分总和超过6分，资料分定为不合格。
　（2）凡发现质量保证资料有弄虚作假、编造数据者，资料分定为不合格。

施工单位自评意见	负责人：　　　评定人：　　　　　　　　　　　　　　年　月　日
监理单位认定意见	监理工程师：　　　　　　　　　　　　　　　　　　　年　月　日

附 录 B
（资料性附录）
分项工程质量检验通用表

分项工程：　　　　　　　　　　　　　　　　　所属分部工程：
所属单位工程：　　　　　　　　　　　　　　　　所属工程项目：
施工单位：　　　　　　　　　　　　　　　　　　监理单位：

基本要求																
实测项目	项次	检查项目	规定值或允许偏差/mm	实测值或实测偏差/mm										质量评定			
				1	2	3	4	5	6	7	8	9	10	平均代表值	合格率/%	规定分	实得分
	1																
	2																
	3																
	4																
	5																
	合计																

质量保证资料	检查项目	扣分	监理意见
	累计扣分		
外观鉴定	检查项目	扣分	
	累计扣分		
工程质量等级		实得分	